安徽池州九华山国家地质公园科普系列丛书

JIUHUASHAN
KEXUE DAOYOU ZHINAN

科学导游指南

吴春明 李红梅 林启刚
章寅虎 韩 非 孟 耀 等编著

中国地质大学出版社
ZHONGGUO DIZHI DAXUE CHUBANSHE

图书在版编目(CIP)数据

九华山科学导游指南 / 吴春明等编著.—武汉：中国地质大学出版社，2017.2
（安徽池州九华山国家地质公园科普系列丛书）
ISBN 978 – 7 – 5625 – 3930 – 8

Ⅰ.①九…
Ⅱ.①吴…
Ⅲ.①九华山 – 地质 – 国家公园 – 旅游指南
Ⅳ.①S759.93

中国版本图书馆 CIP 数据核字（2016）第 281601 号

九华山科学导游指南

吴春明　李红梅　林启刚
章寅虎　韩　非　孟　耀　等编著

责任编辑：舒立霞　　选题策划：毕克成　　责任校对：周　旭

出版发行：中国地质大学出版社（武汉市洪山区鲁磨路388号）　　邮政编码：430074
电话：(027)67883511　　传真：(027)67883580　　E – mail:cbb@cug.edu.cn
经销：全国新华书店　　http://www.cugp.cug.edu.cn

开本：889毫米×1194毫米　1/32　　字数：76千字　印张：2.625
版次：2017年2月第1版　　印次：2017年2月第1次印刷
印刷：武汉中远印务有限公司

ISBN 978 – 7 – 5625 – 3930 – 8　　定价：38.00元

《安徽池州九华山国家地质公园科普系列丛书》

编辑委员会

前言

地质遗迹是在地球历史时期，受各种内、外动力地质作用，形成、发展并遗留下来的自然产物，是人类认识地质现象、推测地质环境和演变条件的重要依据，也是不可再生的自然资源。

中国国家地质公园是以具有国家级特殊地质科学意义、较高的美学观赏价值的地质遗迹为主体，并融合其他自然景观与人文景观而构成的一种独特的自然区域；是以保护地质遗迹资源、普及地学知识、促进社会经济的可持续发展为宗旨而建立的。国家地质公园是由中国行政管理部门组织专家审定，中华人民共和国国务院国土资源部正式批准授牌的地质公园。截至2016年6月，中国已批准建立国家地质公园241个。

国家地质公园徽标

九华山国家地质公园位于安徽省池州市境内，面积148.15km²，是以中生代(距今1.72亿—1.14亿年)花岗岩峰林为特色，兼石灰岩溶洞为一体的地质公园。九华山岩体经4次侵入形成高差超千米、千姿百态的花岗岩地貌景观。花岗岩岩柱，锥状、脊状、穹状、箱状峰林和众多怪石、峡谷等地质遗迹遍布园区。同时九华山也是中国佛教四大名山之一，具有深厚的佛教文化，是研究中国佛教文化的重要场地。因此，九华山国家地质公园是游览观赏和开展科学文化活动的绝佳场所。

九华山地质公园于2009年8月被国家地质遗迹领导小组授予“国家地质公园”建设资格，2012年12月正式命名为国家地质公园。九华山国家地质公园的建立对当地改变传统的生产和资源利用方式、开辟地质旅游、营造特色文化有着积极意义，在促进当地地质遗迹保护、地学科普教育、提高旅游品质等方面起到了良好的作用。

编著者

2016年8月

………二步行道

天术仙踪
花台正顶
飞来峰
莲台峰
天台正顶
绮霞峰
大象出林
大牯岭
地藏晒靴
古拜经台
十王峰
沙弥庵
小花台
钟峰
莲花峰
五老峰
狮子峰
观音峰
花台索道
凤凰岭
文殊洞
吊桥
慧居寺
雷劈石
闵园竹海
生态茶园
龙溪桥
百岁宫
方家古村落
东崖禅寺
凤凰松
索道
缆车
龙池瀑布
观音洞
回香阁
通慧禅寺
龙池庵
缆车
祇园寺
旃檀禅林
九华山大门
上禅堂
塔院
化城寺
甘露寺
乔安
肉身宝殿
小天台

九华山国家地质公园导游图

目录
CONTENTS

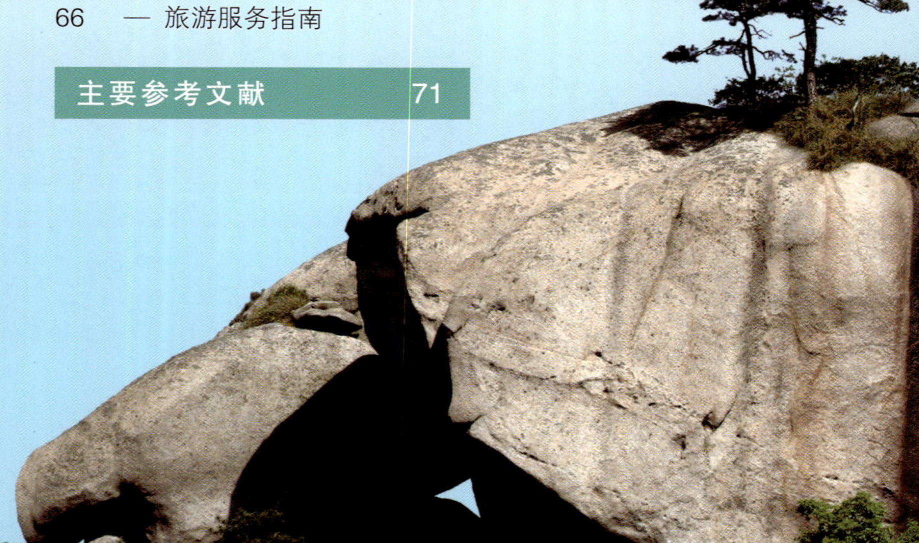

四季圣境　九华速览篇

九华山的由来

九华山古属于陵阳山，号九子山。宋《太平御览》：“此山奇秀，高出云表，峰峦异状，其数又九，故名九子山。”诗仙李白曾五游秋浦（今安徽池州市贵池区），三上九华。唐天宝十三年（754年）冬，李白应友人韦权舆、高霁的邀请，聚会于九子山西麓夏侯回家，写下了《改九子山为九华山联句》。诗序有：“青阳县南有九子山，山高数千丈，上有九峰如莲花。按图征名，无所依据，太史公南游，略而不书。事绝古老之口，复阙名贤之纪，虽灵仙往复，而赋咏罕闻。予乃削其旧号，加以九华山之目。时访道江汉，憩于夏侯回之堂。开檐岸帻，坐眺松雪，因与二三子联句，传之将来。”诗文如下：

妙有分二气，灵山开九华。（李白）
层标遏迟日，半壁明朝霞。（高霁）
积雪曜阴壑，飞流喷阳崖。（韦权舆）
青莹玉树色，缥缈羽人家。（李白）

这些诗句即成了九华山的定名篇。

地理位置

九华山位于长江中下游南岸安徽省池州市，距长江直线距离20km，地理位置为安徽省池州市贵池区东、青阳县西南、石台县东北部地区。地理坐标：东经117°44′—117°54′，北纬30°20′—30°36′，海拔50～1344.4m。

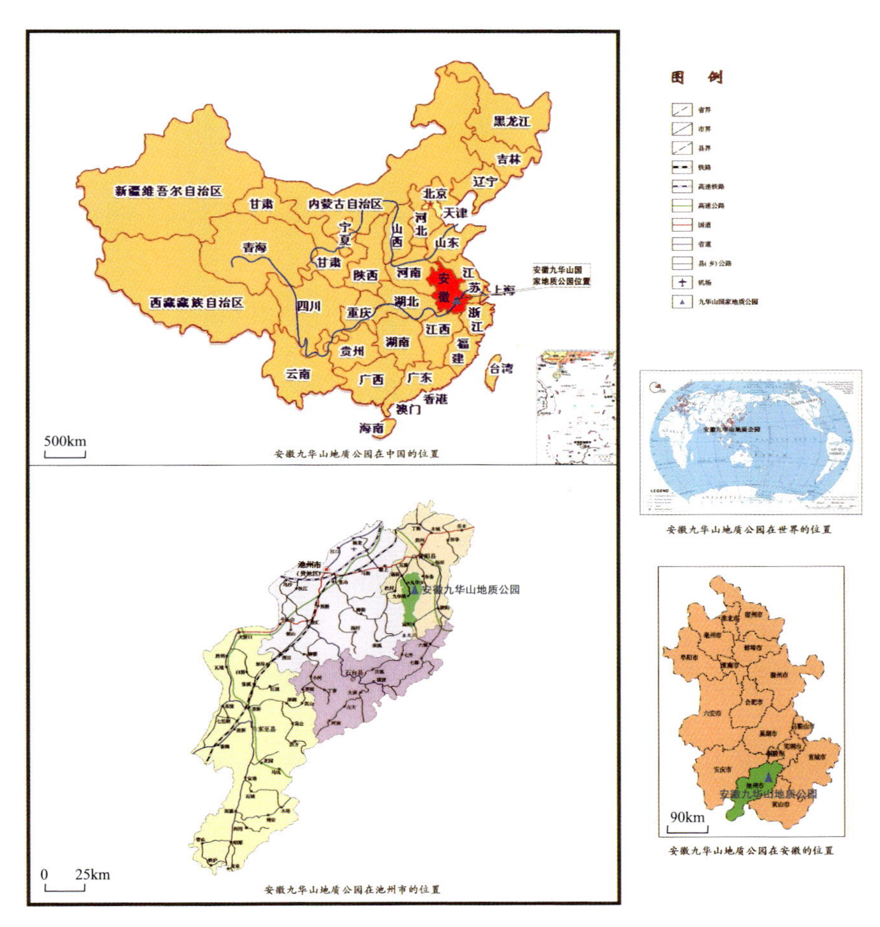

九华山国家地质公园区位交通图

季节气候

九华山地处北亚热带季风温湿气候区内，四季分明，气候温和，阳光充足，雨量充沛，季风明显，梅雨显著。

(1)夏季最高气温34.5℃，冬季最低气温－13.3℃。山上、山下降雪天数不同，一般积雪初、终间数为110天，山顶可达146天，最大积雪厚度一般20～40cm，山上可达100cm。

（2）气温随海拔高度的变化而变化，高度增加，气温降低，垂直分带明显。

地质公园内气温随海拔变化特征表

位置	海拔（m）	年平均气温（℃）
九华新区	50	16.1
一天门	200	15.3
龙池庵	400	14.4
九华街	600	13.4
百岁宫	871	12.5
拜经台	1000	11.5
十王峰	1344.4	9.9

（3）多云雾，多在1—6月和9—10月，全年雾天多达168天，云层海拔高度一般为90～400m。

行政管理

2001年4月，经安徽省机构编制委员会批准，设立九华山风景区管理委员会（正县级），为池州市政府派出机构（副厅级）。九华山党工委管委会对辖区的党务、政务、经济和社会事务以及乡镇实行统一领导、统一管理。

人口经济

九华山风景区管理委员会现辖一乡一镇，即九华乡和九华镇。

九华镇是地质公园的核心景区，面积约13.1km²，下辖3个社区居委会，常住人口3600余人，2015年人均可支配收入为2.6万元。九华镇为安徽省旅游名镇，2006年、2007年九华镇先后荣获“省旅游乡镇”“安徽省首届文明镇”等荣誉称号。

九华镇

九华乡行政区面积68km²，总人口12 363人，全乡设立柯村、戴村、拥华、老田、二圣、桥庵6个村民委员会，九华山风景区管理委员会坐落在柯村。九华乡以特色农业和旅游服务业为主，全乡共有从事乡村旅游服务的“农家乐”示范户100户，从业人员达300余人，旅游服务行业逐步成为了该乡的朝阳产业，2015年人均可支配收入为12 167元。

柯村新区

地域特色

九华山复式花岗岩岩体总面积790km²,形成于中生代侏罗纪—白垩纪,是太平洋西海岸花岗岩带组成之一。其千姿百态的地貌景观,在上千个岩体中属凤毛麟角,素有“秀甲江南”之誉。

九华山是中国佛教四大名山之一,在中国佛教文化发展史上占有重要地位,唐朝时即辟为地藏王菩萨道场,历代帝王多有封谕赐赠,有“圣境九华”“莲花佛国”之称,享誉海内外。

荣誉九华

中国国家地质公园;

中国佛教四大名山之一,国际性佛教道场;

首批国家重点风景名胜区;

中国AAAAA级旅游景区;

首批中国自然与文化双遗产地。

神秘莫测　九华地质篇

九华山地貌的形成

地球上各种奇、秀、雄、险的地貌都是因为地球在各个历史时期内地壳受各种内、外地质营力形成的。九华山的花岗岩地貌也是如此，它清晰地记载了九华山岩体受隆升—剥蚀—流水—冰川等内、外地质营力的过程。

九华山复式花岗岩岩体总面积790km²，形成于中生代侏罗纪—白垩纪（距今1.72亿—1.14亿年），前震旦系变质岩构成基底，古生代地层构成九华山岩体的盖层，寒武系—中志留统组成岩体的直接围岩。

九华山复式花岗岩是一个具有多次超动、涌动、脉动，呈套叠式南北向分布的复式花岗岩岩体。先期侵入体（青阳岩体）的位置相对较低，后期侵入体（九华山岩体）的位置则相对较高，形成了一个南北走向、中间高、向东西两侧变低的构造侵蚀峰林地貌。

（1）燕山早期侵入体第一、二次岩体。中、中细粒花岗闪长岩，粒度较均匀，暗色矿物较多，易风化，形成了地势低缓的柯村新区，朱备、南阳的河谷平地。其中第一次侵入体在九华街，加之冰川作用，形成了相对较高的山间盆地。其盆地边部为钾长石化所致，是九华山寺庙及旅游服务设施建设最集中的地区。与燕山晚期第三次钾长花岗岩接触带上，由于抗风化能力的差异，沿陡峭的接触面被剥蚀，因而形成了百丈潭峡谷等接触带形峡谷、跌水瀑布景观。

（2）燕山早期侵入体第三次岩体。中灰色中粒似斑状二长花岗岩，岩性较坚硬，块状构造，不易风化。但岩体中节理不发育，主要形成中低山。

燕山晚期侵入体第一、第二次岩体分布在园区外。

（3）燕山晚期侵入体第三次岩体。中粒钾长花岗岩，块状构造，岩性坚硬，不易风化。岩石中垂直、水平及斜节理密集，在重力、水流、冰、植物、温差等外营力作用下，造就了秀丽峻峭的峰林和玲珑奇巧的怪石。在九华山69座峰中，有57座及全部怪（巧）石都是由本次侵入的中粒钾长花岗岩所组成，如以天柱峰、莲花峰、神鼠钻山石、观音望佛国为代表，是九华山园区俊秀花岗岩风景地貌的主体。由于南北向断层作用及岩体侵位深度、剥蚀程度不同，形成了大小不等的山间盆地和峡谷，如转身洞峡谷等给九华山俊秀花岗岩地貌“锦上添花”。

九华山花岗岩地貌展示

(4)燕山晚期侵入体第四次岩体。浅灰色细粒碱长花岗岩，块状构造，基质为细晶或微晶结构。岩体侵入定位高，节理相对平缓稀疏。在漫长的地史演化中，岩体不断地被剥蚀和夷平，形成了峰与峰之间高差相对较小的地貌。

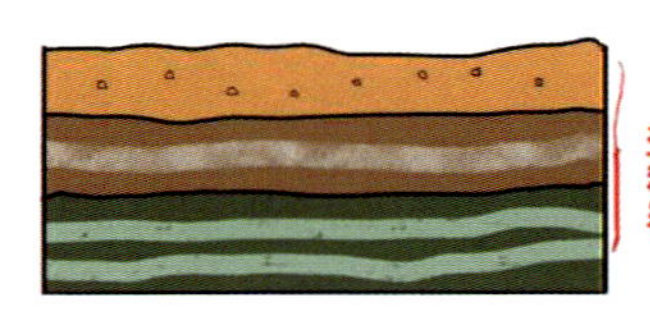

①古生代，本区为海相沉积环境，沉积了5000余米的沉积岩。

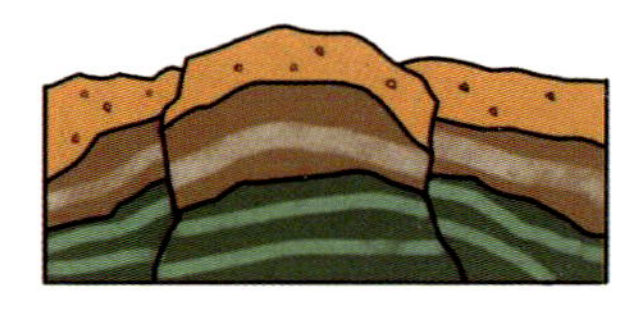

②印支期造山运动，本区褶皱、断裂抬升。

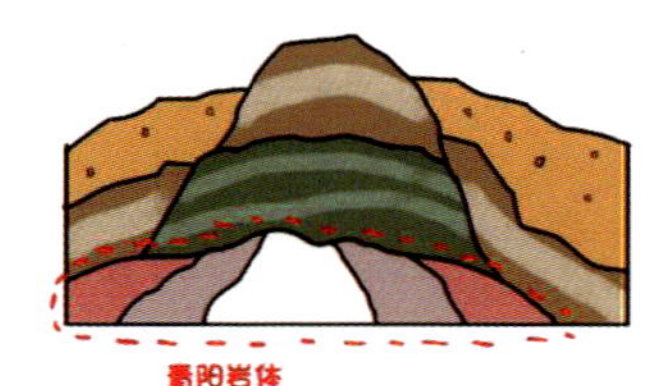

③143－141Ma：燕山中期青阳岩体沿印支期形成的褶皱、断裂带侵入。

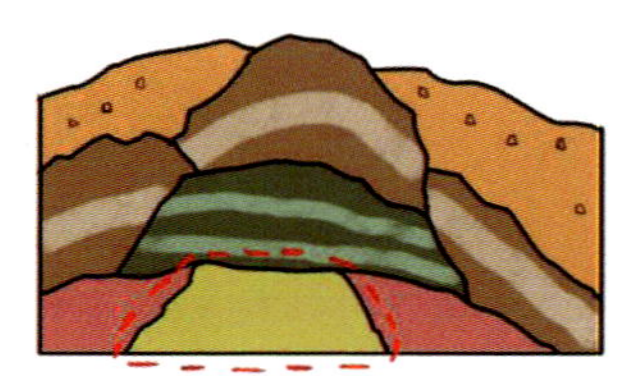

④126Ma：燕山晚期九华山岩体第一次二长花岗岩沿青阳岩体中部超动侵入。

小贴士

沉积岩是在地壳发展演化过程中，在地表或接近地表的常温常压条件下，任何先成岩遭受风化剥蚀作用的产物，以及生物作用与火山作用的产物在原地或经过外力的搬运所形成的沉积层，又经成岩作用而成的岩石。在地球地表，有70%的岩石是沉积岩。

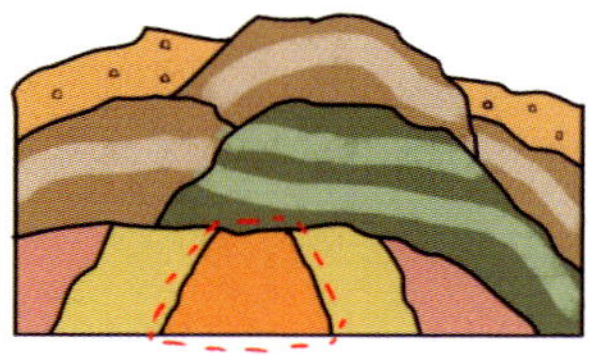

⑤燕山晚期九华山岩体第二次钾长花岗岩沿第一次二长花岗岩中部超动侵入。

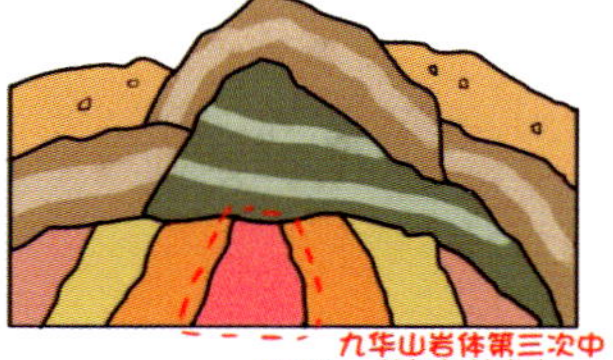

⑥125Ma：九华山岩体第三次中粒钾长花岗岩浆沿青阳岩体与第一次二长花岗岩接触部位侵入。

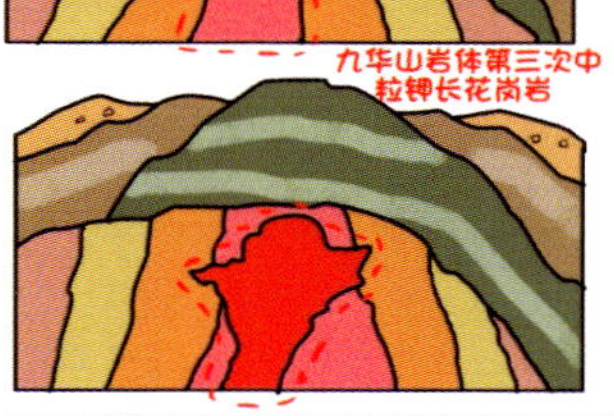

⑦124Ma：第四次细粒碱长花岗岩以及辉绿岩脉呈岩脉状沿第三次岩浆中心脉动侵入。

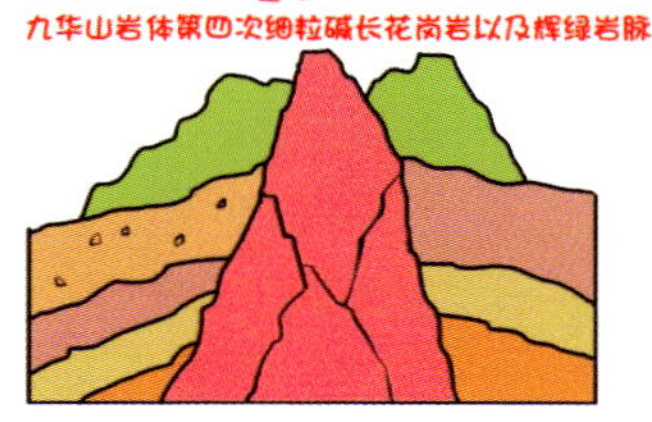

⑧65—2Ma:地壳抬升，九华山断块隆起。

九华山地貌的形式示意图

小贴士

Ma指代百万年，地质学通常用Ma或a作为时间单位，其中1a即1年。

古生代：意为远古的生物时代，是地质时代中的一个时代，约距今5.7亿—2.3亿年。

印支期：全称印支构造期，是晚二叠世至三叠纪（距今257—205Ma）之间的造山运动。

燕山期：全称燕山构造期，是侏罗纪至早白垩世早期（距今199.6—133.9Ma）之间的造山运动。

九华山花岗岩

1. 什么是花岗岩

花岗岩(Granite),大陆地壳的主要组成部分,是一种岩浆在地表以下凝结形成的火成岩,主要成分是长石和石英。花岗岩的语源是拉丁文的granum,意思是谷粒或颗粒。因为花岗岩是深成岩,常能形成发育良好、肉眼可辨的矿物颗粒,因而得名。花岗岩不易风化,颜色美观,外观色泽可保持百年以上,由于其硬度高、耐磨损,除了用于高级建筑装饰工程、大厅地面外,还是露天雕刻的首选之材。

2. 九华山的花岗岩

九华山国家地质公园内出露的花岗岩面积约为110 km^2,占公园面积的91%左右,构成了公园风景地貌主体。公园内的花岗岩由燕山期花岗岩组成,包括九华山岩体主体、青阳岩体和一系列晚期的花岗岩脉,构成了多期多阶段的复式岩体,即青阳－九华山复式岩体。

青阳岩体主要分布在地质公园的西北和东南端、九华山岩体的两侧,主要呈灰色,是岩浆先期(145—140Ma左右)侵入围岩形成的。

九华山岩体主要位于地质公园的中部,呈浅肉红色,是岩浆后期(125Ma左右)侵入围岩形成的,构成了公园的主体部分。

小贴士

点睛之笔——花岗岩晶洞构造

侵入岩中发育有近圆形或不规则状空洞,称为晶洞构造,一般被认为是岩浆冷却过程中体积收缩和流体逸出的结果。晶洞壁内常生长自形(矿物晶体发育成自己应有的形状)石英或其他矿物晶体。

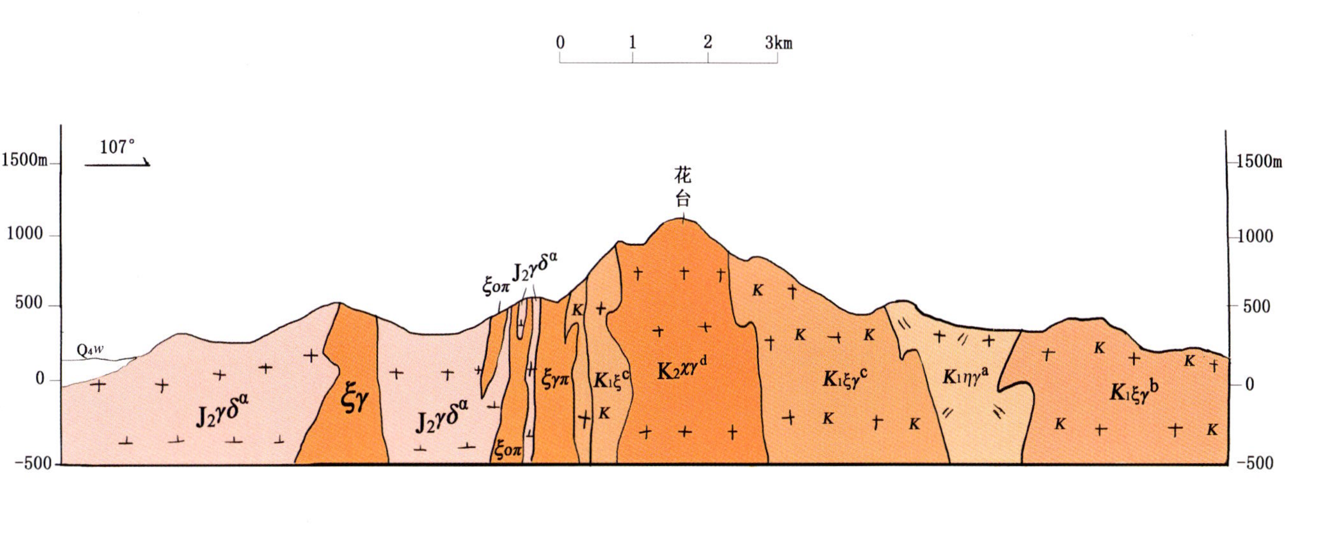

0
1
2
3km
1500m
1000
500
0
-500
107°
花台
Q4w
J2γδα
ξγ
ξoπ
ξγπ
K1ξc
K2χγd
K1ξγc
K1ηγa
K1ξγb
K

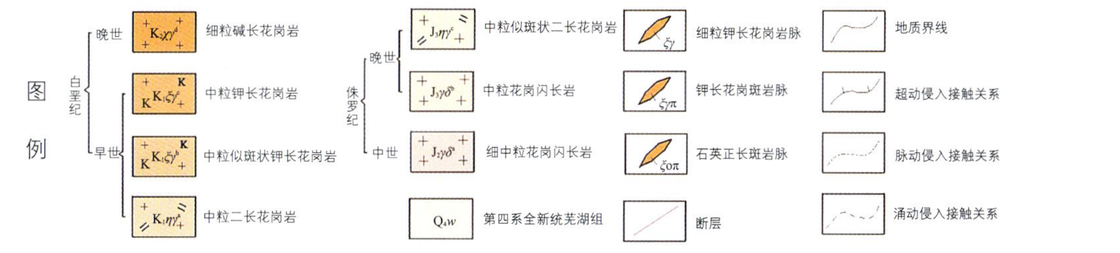

图例
白垩纪
晚世
早世
细粒碱长花岗岩
中粒钾长花岗岩
中粒似斑状钾长花岗岩
中粒二长花岗岩
侏罗纪
晚世
中世
中粒似斑状二长花岗岩
中粒花岗闪长岩
细中粒花岗闪长岩
Q4w
第四系全新统芜湖组
细粒钾长花岗岩脉
钾长花岗斑岩脉
石英正长斑岩脉
断层
地质界线
超动侵入接触关系
脉动侵入接触关系
涌动侵入接触关系

九华山岩体剖面示意图

九华山花岗岩内的晶洞构造

九华山石英晶洞带

3. 花岗岩及花岗岩地貌是怎么形成的

花岗岩属岩浆岩，是在岩浆喷发的时候，未喷出的岩浆在地下受高压形成的部分质地坚硬的岩石。我们所见到的出露于地表的花岗岩及花岗岩所形成的各种地貌是在地壳变动过程中花岗岩被抬升隆起，在大气、水及生物的作用下风化、崩塌而形成的峰林、沟壑等地貌。

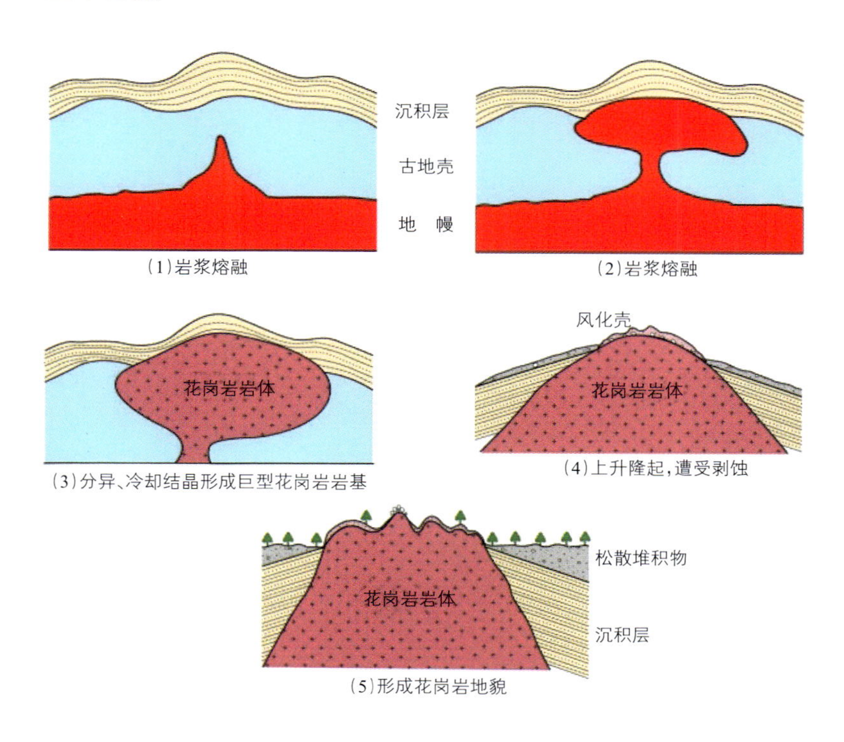

花岗岩及花岗岩地貌形成示意图

4. 九华山花岗岩地貌

1）花岗岩峰丛

花岗岩峰一般是指花岗岩岩体由节理、劈理、断裂及风化地质作用形成的地质地貌景观，多以锥状、柱状、脊状、穹状、箱状等地貌形态出现，通称为峰丛。花岗岩奇峰遍布整个九华山。

(1)锥状峰。由垂直和倾斜的多组节理发育的花岗岩所构成，峰体高大,海拔多在1000m以上,底部基座和上部峰锥相连一体。山体顶部呈浑圆状锥形,坡陡,雄伟峭拔,如九子峰。

九子峰

(2)柱状峰。由密集发育的垂直节理经风化、崩塌形成的花岗岩石柱,如石笋峰。

石笋峰

(3)脊状峰。由沿一定走向呈脊状延伸的花岗岩峰脊所组成,常与峰脊下平直的支沟相伴生,如天台峰等。

天台峰

(4)穹状峰。主要由风化作用形成,顶部地势相对低缓,坡度较缓,峰顶多呈圆形,如罗汉行道峰。

罗汉行道峰

(5)箱状峰。垂直和水平节理切割花岗岩山体,形成了被节理、裂隙围限岩块的箱状峰。

箱状峰

2)花岗岩奇石(象形石)

九华山园区内,怪石广布,千姿百态。怪石是一种特殊的象形地质体,它是花岗岩由水平节理、垂直节理、斜节理,经风化、崩塌和流水等地质作用形成的特殊地质景观。

石柱型(定海神针)

风化剥蚀型（大鹏听经）

崩塌堆积型（马头石）

崩塌残留型(仙人晒靴石)

滚石型(大象出林石)

3)花岗岩峡谷

在花岗岩的构造破碎带或抗风化能力不同的两种岩石交接部位,由于差异性风化、构造侵蚀等原因形成的深切割区,呈“V”形或“U”形。

花岗岩峡谷

4)瀑布

九华山地区雨水充沛,花岗岩峰林地貌发育,同时也发育着许多瀑布。

瀑布在地质学上叫跌水,即流水在流经断层、凹陷等地区时垂直从高空跌落。

七步泉瀑布

中天涧瀑布

5. 其他地质遗迹

(1)花岗岩石蛋。花岗岩经球状风化形成的近于球状、形态各异的石块。

(2)球状风化。岩石出露地表接受风化时,由于棱角突出,易受风化(角部受3个方向的风化,棱边受2个方向的风化,面上只受1个方向的风化),故棱角逐渐缩减,最终趋向球形。这样的风化过程称球状风化。

九华山的峰林状高丘、球状石、馒头状岩丘都是花岗岩经受了球状风化形成的。

球状风化示意图

九华山球状风化景观

知识小探索

1. 花岗岩属于下面哪类岩石？

A.变质岩　B.岩浆岩　C.沉积岩

2. 九华山的花岗岩岩体主要由以下哪两种岩体组成？

A.九华山岩体　B.大容山岩体　C.五皇山岩体　D.青阳岩体

3. 下面不是九华山花岗岩地貌的是什么？

A.花岗岩峰丛　B.瀑布　C.花岗岩峡谷　D.一线天

九华山古冰川遗迹

我国卓越地质学家李四光于20世纪30年代考察了庐山、黄山、天目山和九华山等地，认为九华山有九华街冰斗，九华街—大小桥庵的“U”形谷及末端的终碛堤等冰川遗迹。

九华山第四纪残留的冰缘地貌类形包括：冻融剥蚀面、冰缘岩柱、草丛土丘、石河、冰缘宽谷、不对称谷、泥流阶地、寒冻风化堆积物等。它们是在寒冻风化－重力作用、冻融嘴流作用、雪蚀－重力

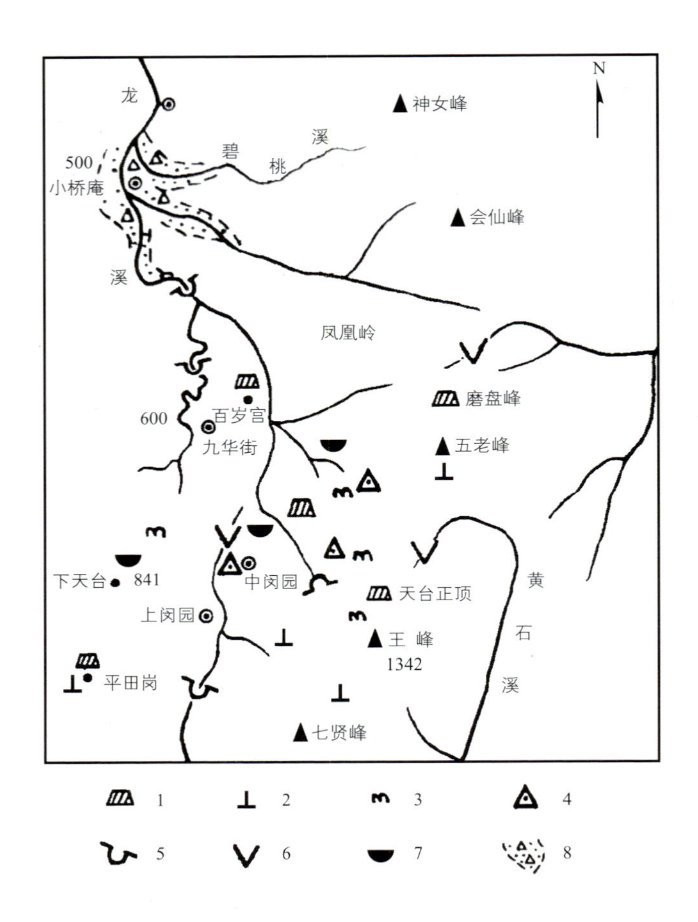

九华山古冰缘地貌分布示意图

1.冻融剥蚀面；2.冰缘岩柱；3.草丛土丘；4.石河；5.冰缘宽谷；6.不对称谷；7.泥流阶地；8.融冻泥石流

九华山的冰碛堤

冰斗（九华冰斗）

作用、融冻－重力－流水作用下形成的。

但有的学者认为九华山现代地貌的形成是“非冰川”作用的结果，这种学术的争论必将继续下去，从而推动地学研究的深化和前进。

小贴士

地球历史上有哪些冰期?

在地球发展史上有冰期的时间只占整个地球历史时期的十分之一左右，而绝大部分时间是处于温暖期。已被确认的大冰期有以下几次。

新太古代大冰期：距今27亿—23.5亿年，是已知地球上最早的大冰期，持续约4000万年。

前寒武纪大冰期：约距今9.5亿—6.15亿年，是一次影响广泛的大冰期，其遗迹除南极大陆尚未发现外，世界各大陆的许多地方都有保存。

早古生代大冰期：约距今4.6亿—4.4亿年，有人认为可能延续到泥盆纪晚期(3.6 亿年前)。

晚古生代大冰期：约距今3.5亿—2.7亿年，持续时间长达8000万年，是地球历史上影响最为深远的一次大冰期。

晚新生代大冰期：距今240万—1万年，自新近纪出现冰期与间冰期交替，一直延续至今，是地球历史上最近的一次大冰期。

第四纪冰期：大约始于距今300万—200万年，结束于1万—2万年前。

冰期对地球有哪些影响?

(1)大面积冰盖的存在改变了地表水体的分布。晚新生代大冰期时，水圈水分大量聚集于陆地而使全球海平面大约下降了100m。如果现今地表冰体全部融化，则全球海平面将会上升80～90m，那时世界上众多大城市和低地将被淹没。

(2)冰期时的大冰盖厚达数千米，使地壳的局部承受着巨大压力而缓慢下降，有的被压降100～200m，南极大陆的基底就被降于海平面以下。北欧随着第四纪冰盖的消失，地壳则在缓慢上升。这种地壳均衡运动至今仍在继续着。

(3)冰期改变了全球气候带的分布，导致大量喜暖性动植物种灭绝。

喀斯特溶洞——鱼龙洞

溶洞的形成是石灰岩地区地下水长期溶蚀的结果，石灰岩里不溶性的碳酸钙受水和二氧化碳的作用转化为微溶性的碳酸氢钙。由于石灰岩层各部分石灰质含量不同，被侵蚀的程度有差异，故逐渐被溶解分割成互不相依、千姿百态、陡峭秀丽的山峰和奇异景观的溶洞。

鱼龙洞位于九华山国家地质公园鱼龙洞园区，距九华山25km，全长5000余米，有清澈的地下河贯穿始终，终年不涸。洞内奇石纷列，形态各异，或如莲花绽放，或如众僧朝圣，或如钟鼓盘地，极为传神。

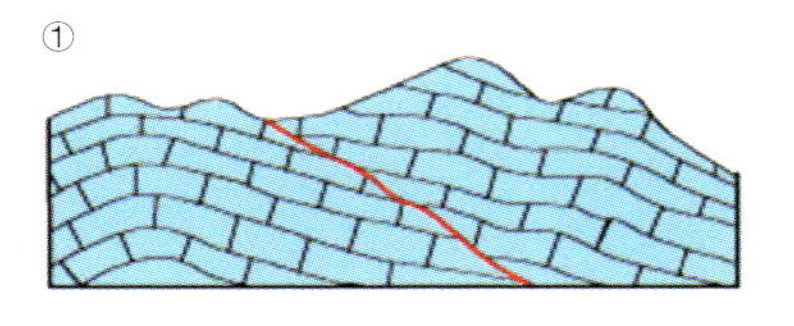

①石灰岩褶皱、断裂、裂隙发育，为富含CO_2的水溶液下渗创造了条件。

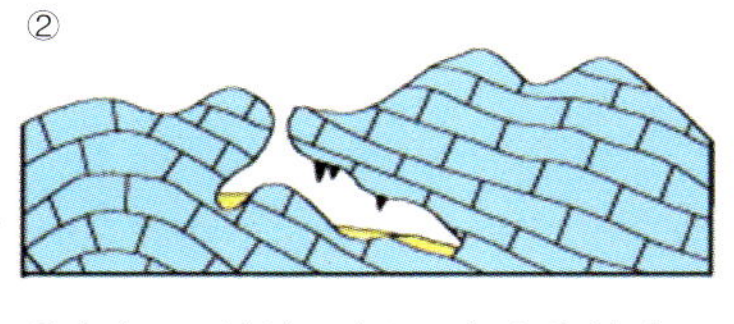

②富含CO_2的地下水沿石灰岩的断裂、裂隙、岩层等进行溶蚀及侵蚀作用形成地下溶洞。

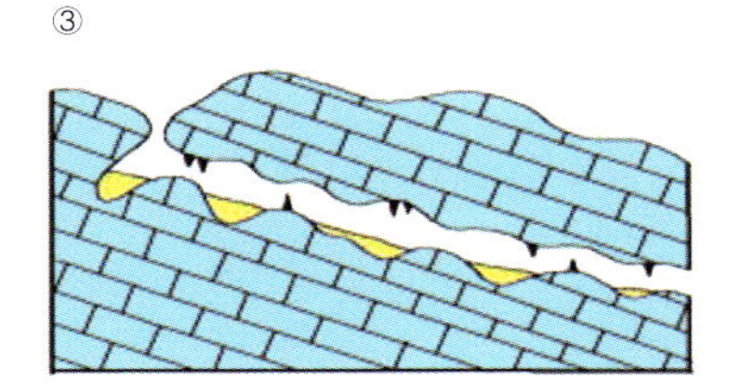

③当溶洞内终年流水时形成地下河，在溶洞形成过程中由于压力、温度等变化，CO_2逸出，碳酸钙沉淀，日积月累形成了石钟乳、石笋、石幔等。

④第四纪以来，地壳多次间歇性抬升及溶蚀，形成了九华山国家地质公园内今天的多级溶洞。

溶洞发育模式图

入口处
莲花宫
莲花宝灯
观瀑门
瀑布
蘑菇屯
五莲池
月宫
二象戏水
银雁击钟
鳄鱼把门
庆喜宫
东海
仙蛙跃水
石莲花
玉寝宫
鲤鱼宫
鲤鱼天露
狮子腾空
白鳝洞
龙珠
象牙石
蓬莱岛
八仙过海
观音普渡
壁虎
迎客厅
海螺
卧龙
墨石
诗廊
石屋
神龟卧仙
石鼓
仙人迎客
沙罗树
仙人指路
仙人渡
南海
留客厅
神蛙出洞
擎天玉柱
点将台
石瀑布
北海
犀牛
犀牛洞
定海神针
群仙渡海
观音大士
极乐宫
海狮戏鱼
小仙木叉
神钹
重磬
罗幔
瀑布包
神鞭
石羊出浴
百仙聚会
浴仙池
楼宫
渔翁观河蚌
宝库
群狮护宝
聚宝宫
定海神珠
水映金山
西海
洞内道路
航海线

鱼龙洞景点分布图

石笋

石笋(神龟驮仙)

石坝(九龙成田)

石笋与石钟乳组合景观(海狮戏鱼)

石幔(定海神珠)

石瀑布

地下暗河：也叫暗河或"伏流"。指地面以下的河流，主要沿构造破裂面发育。地下暗河是由地下水汇集而成的地下河道，它具有一定范围的地下汇水流域，往往有出口而无入口。地下暗河往往是岩溶地区重要的水源。

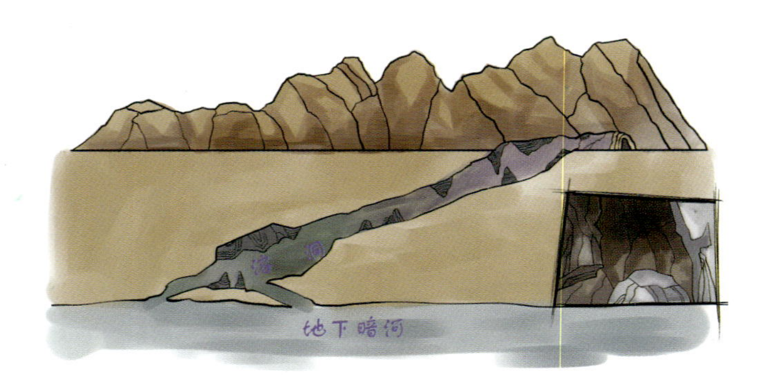

地下暗河位置还原图

鱼龙洞地下暗河

小贴士

中国最长的地下暗河是什么？

中国最长的地下暗河为广西都安瑶族自治县的地苏地下暗河，全长约124km，汇水面积约1054km²。

什么是喀斯特？

喀斯特(Karst)即岩溶，是水对可溶性岩石(碳酸盐岩、石膏、岩盐等)进行的以化学溶蚀作用为主，流水的冲蚀、潜蚀和崩塌等机械作用为辅的地质作用，以及由这些作用所产生的现象的总称。由喀斯特作用所造成的地貌，称为喀斯特地貌(或岩溶地貌)。"喀斯特"(Karst)原是南斯拉夫西北部伊斯特拉半岛上的石灰岩高原的地名，意思是岩石裸露的地方。那里发育有典型的岩溶地貌。因此，"喀斯特"一词即成为了岩溶地貌的代称。

九华山大断裂

九华山大断裂形成于加里东旋回(是以英国苏格兰的加里东山命名的早古生代造山旋回)早期，位于九华山园区中部，宽10米至100余米。

小贴士

九华山大华断裂是怎样形成的？

九华山断裂活动具长期性、继承性。首先早期地层盖层在地球内部动力作用下形成褶皱带，伴随褶皱，断裂随之产生，九华山断裂初具雏形，然后由于大规模的断块运动及强烈的岩浆侵入活动变形成了九华山大断裂。

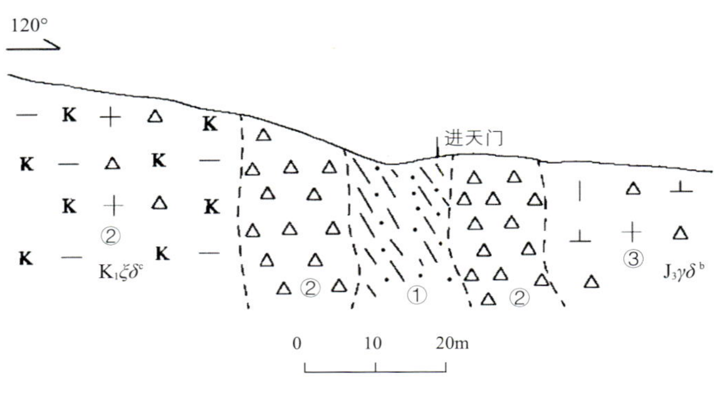

$K_1\xi\delta^c$.早白垩世第三次钾长花岗岩;$J_3\gamma\delta^b$.晚侏罗世第二次花岗岩闪长岩;①糜棱岩带;②角砾带;③碎裂岩带

九华山断层素描图

九华山断层峡谷照片

九华山断层照片

小贴士

断层(fault):地壳受力发生断裂,沿破裂面两侧岩块发生显著相对位移的构造。断层的规模大小不等,大者沿走向延长可达上千千米,向下可切穿地壳,通常由许多断层组成的,称为断裂带;小者长以厘米计,可见于岩石标本中。

钟灵毓秀　九华人文篇

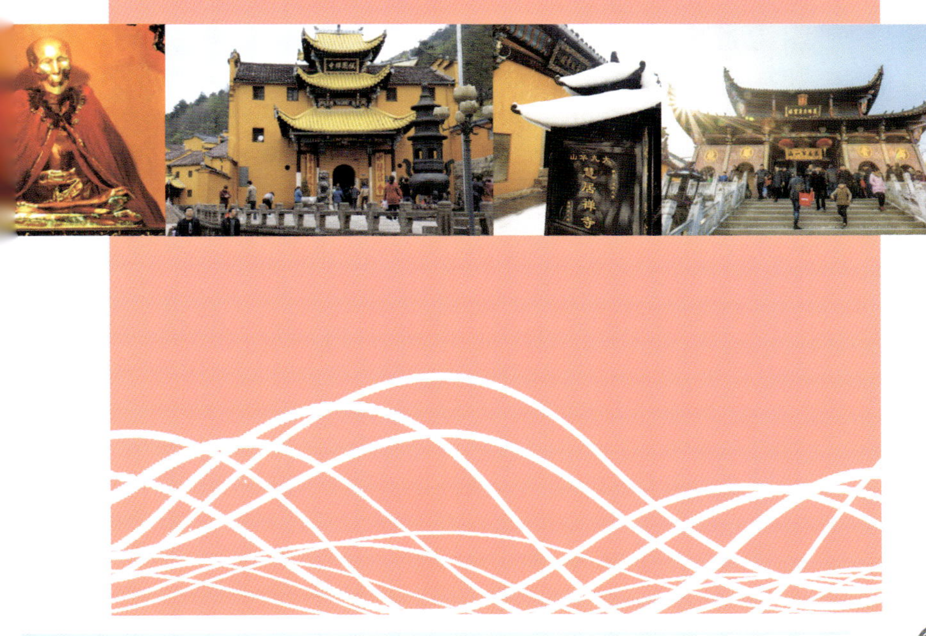

莲花佛国九华山

九华山是中国佛教四大名山之一，大愿地藏王菩萨道场，一千多年来为僧侣及信众的朝圣地。

唐朝时新罗国（位于朝鲜半岛南端）王族金乔觉（696—794年），24岁时削发为僧，于唐玄宗开元年间来华游列，经南陵、贵池等地登临九华，于山深无人僻静处，择一岩洞栖居修行。当时九华山为青阳县闵员外属地，金乔觉向闵氏乞一袈裟地。几亩或数顷都不在话下，何况只是区区一袈裟地，闵氏自然不暇思索，慷慨应允，此时只见金乔觉袈裟轻轻一抖，不料展衣后竟遍覆九座山峰。这使闵员外十分诧异，叹未曾有，由静而惊，由惊而喜，心悦诚服地将整座山献给“菩萨”，并为持戒精严、艰苦修行的高僧修建庙宇，唐至德二年（757年）寺院建成，专心修持，收徒弘法。金乔觉由此威名远扬，许多善男信女慕名前来礼拜供养。连新罗国僧众听闻后，也相率渡海来华随侍。闵员外先让其子拜高僧为师，遂后自己亦欣然皈依。至今九华山圣殿中地藏像左右的随侍者，即为闵氏父子。

金乔觉驻锡九华，苦心修炼七十五载，唐贞元十年（794年），于九十九岁高龄跏趺示寂。其肉身置函中经三年，仍“颜色如生，兜罗手软，罗节有声，如撼金锁”。根据金乔觉的行持及众多迹象，僧众认定他即地藏菩萨应身，遂建石塔将肉身供奉其中，并尊称他为“金地藏”菩萨。九华山遂成为地藏菩萨道场，由此名声远播、誉满华夏乃至全球，逐渐形成与五台山文殊、峨眉山普贤、普陀山观音并称的地藏应化圣地。

历经唐、宋、元各个时期的兴衰更迭，九华山佛教至明初获得显著的发展，清代达到鼎盛时期，有寺庙300余座，僧尼4000多人，“香火之盛甲于天下”。今存寺庙99座（其中9座列为全国重点寺院，30座列为省级重点寺院），有僧尼近600人。自唐代至今，九华山自然形成的僧人肉身近20尊（现可供观瞻的有9尊，其中仁义师太肉身是当今世界上唯一的比丘尼肉身），修建佛像6300余尊，藏历代经籍、法器等文物2000余件。

中韩佛文化交流

肉身探秘

凡九华山和尚圆寂，都要将遗体保存一段时期(最短的七天，最长的三年)，看能否成为真身。其装殓方式也很特别，和尚圆寂后，将其遗体擦洗干净，盘成跏趺式装殓于特制的陶缸中，在遗体的周围塞满木炭、干石灰，直至颈项，头脑部位放置生石灰包，再合上缸盖涂以黄泥密封，置阴凉通风处存放。密封的陶缸隔绝空气，木炭汲取遗体内的水分使之脱水干瘪。一旦遗体腐烂散发异味，就将陶缸底部的发火孔掏开，引燃木炭火化。坐缸只是形成真身的外部条件，其内因取决于他们生前的修行道涵。长年食素不沾荤腥，注重修炼持久坐禅，必然气脉贯通，筋骨干连，加上坐化前知其大限来临，一般都是十天半月食不沾、水不进，使腹肠空空，体内脂肪和水分极少，这为死后坐缸蜕变为肉身奠定了基础。但即便如此，能成为不腐之身的也是寥寥可数。只有极少的僧尼能够得成真身，这样在3年后开缸，就是“肉身菩萨”了。形成肉身后，首先是妆漆，3年后再妆金，这样就基本上可以把尸体与外界隔离开。

金地藏——中国地藏菩萨

仁义师太肉身

世界上唯一的比丘尼肉身——仁义师太肉身

仁义师太(1911—1995年),俗名姜素敏,籍贯辽宁沈阳。1940年奔赴山西五台山,在显通寺出家,取法名仁义。出家后一心向道,潜心修持,深入经藏,农禅并重。1995年4月,至九华山通慧禅林,是年初冬,停食7日,安然示寂,年八十五。

仁义师太圆寂3年零2个月稳稳地端坐在缸里。黑白相间的头发长出寸余,牙齿完好,皮肤毛孔清晰,老师太身体干缩,体肤完好,长长的指甲结实地长在指头上,腰间和臀部还有弹性。更令人惊奇的是,老师太的女性特征已无痕迹,乳房消失,胸部平整,下身长合无痕。入缸时平放在腿上十指相向的手印已有变化,右手稍有提高,且拇指与食指相抵,作捻针状。仁义比丘尼肉身不腐,且形象如此完好,是佛教界的大奇迹。从佛教史上看,修成肉身的比丘已是十分罕见,而比丘尼修成"肉身菩萨"者,古今中外佛教界尚无记载。其肉身现供奉于九华山通慧禅林。

名刹古寺(全国重点寺院)

化城寺(位于九华街中央区)

肉身殿(地藏塔)(位于神光岭)

百岁宫（位于插霄峰北）

祇园寺（位于九华街入口处）

甘露寺（位于入山盘山公路左侧）

旃檀林（位于九华街中部化城寺对面）

上禅寺（位于肉身宝殿南大门东南路侧）

慧居寺（位于中闵园往天台途中）

天台寺(地藏寺、地藏禅林)

非物质文化遗产

1. 传统庙会

九华山庙会即地藏庙会,是为纪念地藏菩萨生日而兴起的大规模民间朝觐节日活动。每年农历七月三十日,四方信徒、香客云集九华朝山进香、拜塔、守塔,朝拜肉身殿。同时,地方政府也举办龙灯会、佛教音乐会、傩戏、古装戏曲、旅游商品集市等系列文商活动。

九华山传统庙会已被国家旅游局列为12个对外公布的旅游节庆活动之一,2011年6月被列入《中国非物质文化遗产名录》。

2. 佛教音乐

九华山佛教音乐按内容以及唱诵对象和场合(范围)可分为仪规音乐和道场音乐。仪规音乐属于在殿堂上佛像前唱诵的赞、偈等佛曲;道场音乐属于道场上唱诵的用于弘扬佛法、超度亡灵的佛乐。九华山佛教音乐内容丰富,历史久远,包含着博大精深的文化蕴含,对于研究我国音乐、文化、民俗及宗教流传等方面具有较高的学术价值,2006年12月被列入《安徽省非物质文化遗产名录》。

古诗词、石刻、书画、古遗址

1. 古诗词

自唐代李白游山题诗后，历代文人墨客、名流学者慕名相继来九华山，探奇访幽，观光朝圣，吟咏歌赋，酬唱赠答，创作了大量描绘九华山风光名胜的诗文书画。

九华山联句

妙有分二气，灵山开九华。（李白）
层标遏迟日，半壁明朝霞。（高霁）
积雪曜阴壑，飞流歕阳崖。（韦权舆）
青莹玉树色，缥缈羽人家。（李白）

郡楼望九华（杜牧）

凌空瘦骨寒如削，照水清光翠且重。
却忆谪仙诗格俊，解吟秀出九芙蓉。

2. 石刻

“固我山河”“甘泉石”“佛”“问心石”等。

九华山石刻

3. 书画

《九华秀色图》(清代王翚)、《孤山崖趣图》(清代陈崇光)、《阿罗汉图》(近代张大千)、《肉身宝殿》(刘海粟)等。

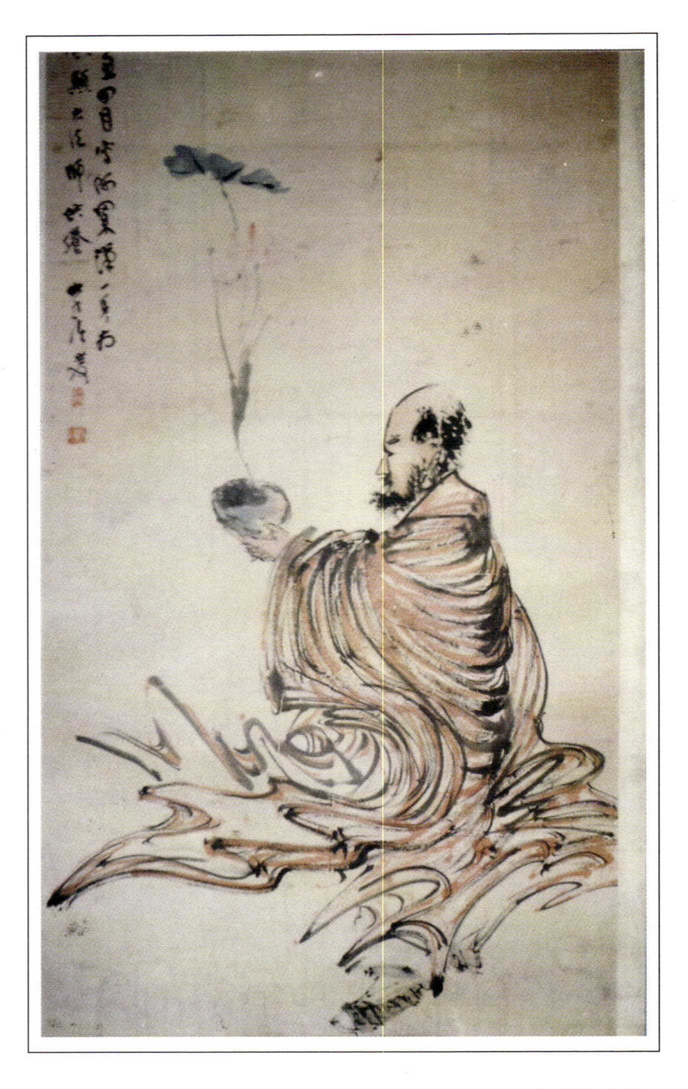

九华山书画 1

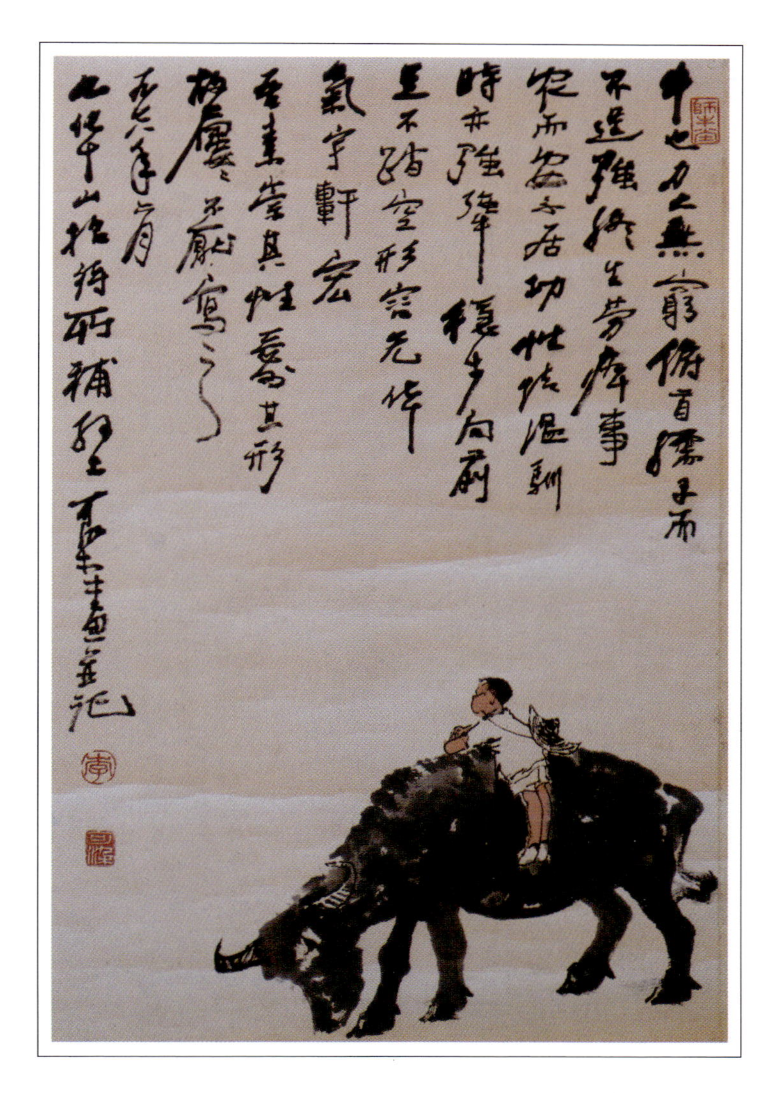

九华山书画2

4. 古遗址

西周土墩墓葬群遗址、太白书堂、望华亭、闵公墓、刘光复墓等。

太白书堂

山明水秀　九华生态篇

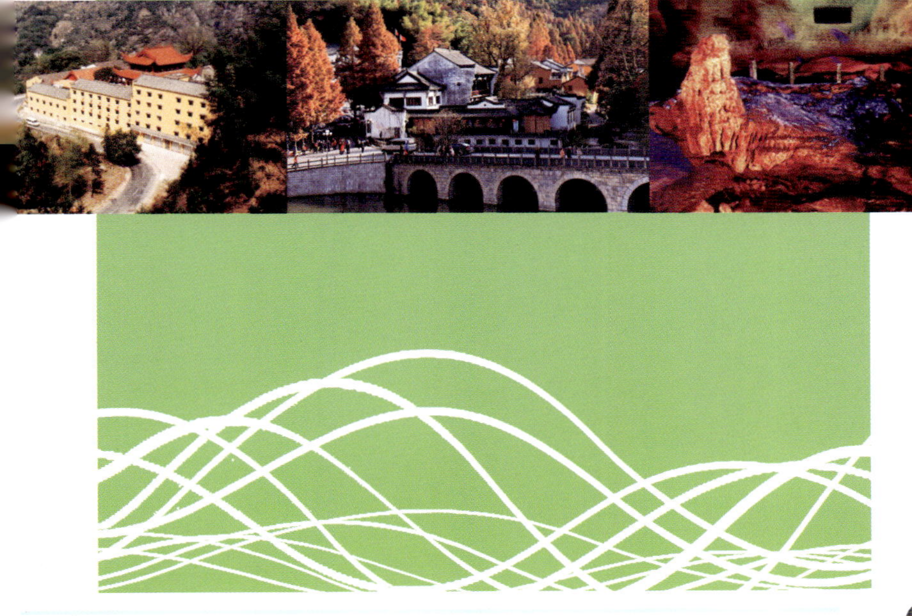

九华山地处中纬度亚热带地区，山高林密，有80%的区域人迹罕至，繁衍生息着众多动植物。据1984—1985年不完全普查，发现植物有1461种，除苔藓植物外，隶属175个科，633个属；已发现珍稀名贵树种13种，其中国家Ⅰ类保护2种，Ⅱ类保护11种；百年以上古树名木449株；发现有兽类48种，两栖类13种，爬行类24种，鸟类168种及3个亚种，其中有国家Ⅰ类保护动物8种，Ⅱ类保护动物20种。

古树名木、奇花异草

1. 银杏(*Ginkgo*)

别称白果、公孙树、鸭脚树、蒲扇，中国特有树种，国家I类保护树种。九华山银杏分布较广，心安禅寺、老常住盆地、东崖禅寺、太白书堂等地有零星种群，树龄在100～1200年之间。

古银杏

2. **金钱松**(*Pseudolarix amabilis*)

别称金松、水树,第三纪(古近纪+新近纪)以来孑遗植物,世界五大观赏树种之一,属国家Ⅱ类保护植物。九华山小单线丛林有数片,分布在半山寺、九华街、小天台、闵园等处。

3. **香榧**(*Torreya grandis*)

又称"中国榧",榧树属常绿乔木,国家Ⅱ类保护树种。九华山有零星分布,其中青峭湾、龙口地域有20余株。香榧木材结构细致,坚实耐用,耐水湿,抗腐性强,是建筑和家具的上等用材。果实可供食用。

4. **黄山松**(*Pinus taiwanensis*)

本地习称"九华松",学名"台湾松",属裸子植物松科,是一种高大常绿乔木。九华山广为分布,由于生长条件和风向的影响,常形成平顶、旌形树冠,千姿百态。如回香阁的"迎客松",高13m,胸径

金钱松

香榧

0.7m；中闵园的“凤凰松”，高7.68m，胸径1m，树龄1400余年，树形酷似凤凰展翅欲飞，为九华山著名景观之一。

中闵园的“凤凰松”

5. 扇脉杓兰（*Cypripedium japonicum*）

多年生草本植物。叶通常2枚，近对生，位于植株近中部处，叶片扇形；具1花，花俯垂，萼片和花瓣呈淡黄绿色，基部有少量紫色斑点，唇瓣呈淡黄绿色至淡紫白色，有少量紫红色斑点和条纹。属九华山濒危物种。

扇脉杓兰

6. **鹅掌楸（*Liriodendron chinensis*）**

别称马褂木、双飘树，属木兰科高大落叶乔木。第四纪冰川孑遗植物之一，国家II类保护树种。叶形如马褂，花形似郁金香，为珍贵的中国特有观赏树种之一。

鹅掌楸

7. **春兰、夏兰**

九华山野生兰花。花色黄绿，花香浓郁持久。

春兰

除以上外，还有黄精、龙须草、杜鹃、八角莲、黄连（九华山濒危物种）等珍贵物种。

黄精

杜鹃

珍禽异兽

九华山国家I类保护动物有白鹳、黑鹳、白颈长尾雉、金钱豹、云豹、黑麂、梅花鹿；国家II类保护有隼科（所有种）、锦鸡（所有种）、鹰科及其他鹰类、蓝耳翠鸟、天鹅、白冠长尾雉、鸳鸯白鹇、虎纹蛙、短尾猴、猕猴、穿山甲、豺、大灵猫、小灵猫、青羊。

1. 白鹇（*Lophura nythemera*）

别称银鸡、银雉、越鸟、越禽、白雉，属鸟类鸡形目雉科，体长约1m，体重1.5kg，翅长约26cm，嘴峰约3.2cm，雄性上体与两翅均为白色，布满整齐的“V”状黑纹。尾羽甚长，中央尾羽纯白。羽冠及下体全部为蓝黑色。食昆虫、浆果、嫩叶等。性娴静温驯。白鹇鸟栖于海拔500m以上的阔叶林、针阔叶混交林、灌木林和竹林中。

白鹇

2. 黑鹳(*Ciconia nigra*)

别称黑老鹳、乌鹳、锅鹳,是大形涉禽,全长约1m,体重约2.5kg,形似鹳又像鹭,嘴长而直,翼长尾短,胫腿均长。举步缓慢或单脚亭立,飞翔速度轻快。食鱼、虾、蛙、蛇、昆虫等动物,也吃水草。

黑鹳

3. 白颈长尾雉(*Syrmaticus ellioti*)

别名横纹背鸡,雄鸟全长约80cm,雌鸟全长约50cm。雄鸟头部暗褐色,后颈和侧颈灰白色,额、喉及前颈黑色。上背和胸栗色,散

白颈长尾雉

有黑斑。尾羽长，腹部为白色，嘴为黄褐色，脚为暗灰色。雌鸟体羽大部分为棕褐色。上体满缀以黑斑纹，背部具白色矢状斑。栖息于海拔300～1000m的山地及丛林中，主要以植物的叶、茎、芽、花、果实、种子为食，也吃昆虫等动物性食物。

4. 金钱豹（*Panthera pardus*）

别称豹、银豹子、豹子、文豹，属肉食目猫科。体长1～1.5m，尾长75～85cm，体重50kg左右。毛黄色，密布圆形或椭圆形黑褐色的斑纹或斑环，似古钱币，因而得名。腹部白色，染有黑色斑点。肉食性，以中小兽类为主，也伤害家犬家畜。喜栖息于山区林中，常在山脊灌木丛中活动。

金钱豹

5. 云豹（*Neofelis nebulosa*）

别称乌云豹、龟纹豹、荷叶豹、樟豹，为哺乳纲食肉目猫科动物。体长70～106cm，尾长70～90cm，肩高60～80cm。体重雄性23kg左右，雌性16kg左右。云豹头部略圆，有短而粗的四肢，爪子较大，大齿锋利。全身呈淡灰褐色，身体两侧约有6个云状的暗色斑纹。云豹身体矫健，喜爬树，性凶猛，善伪装，栖息于丛林中，白天休息，夜间捕猎，以猴子、野兔、山鸡、麂子等动物为食，但不伤人。

云豹

6. 梅花鹿(*Cervus nippon*)

别称花鹿、鹿，属偶蹄目鹿科，经济价值很高，鹿茸是名贵药材。华山大古岭和三天门曾发现梅花鹿，体长约1.5m，重约100kg，嗅觉和听觉发达，行动敏捷。

梅花鹿

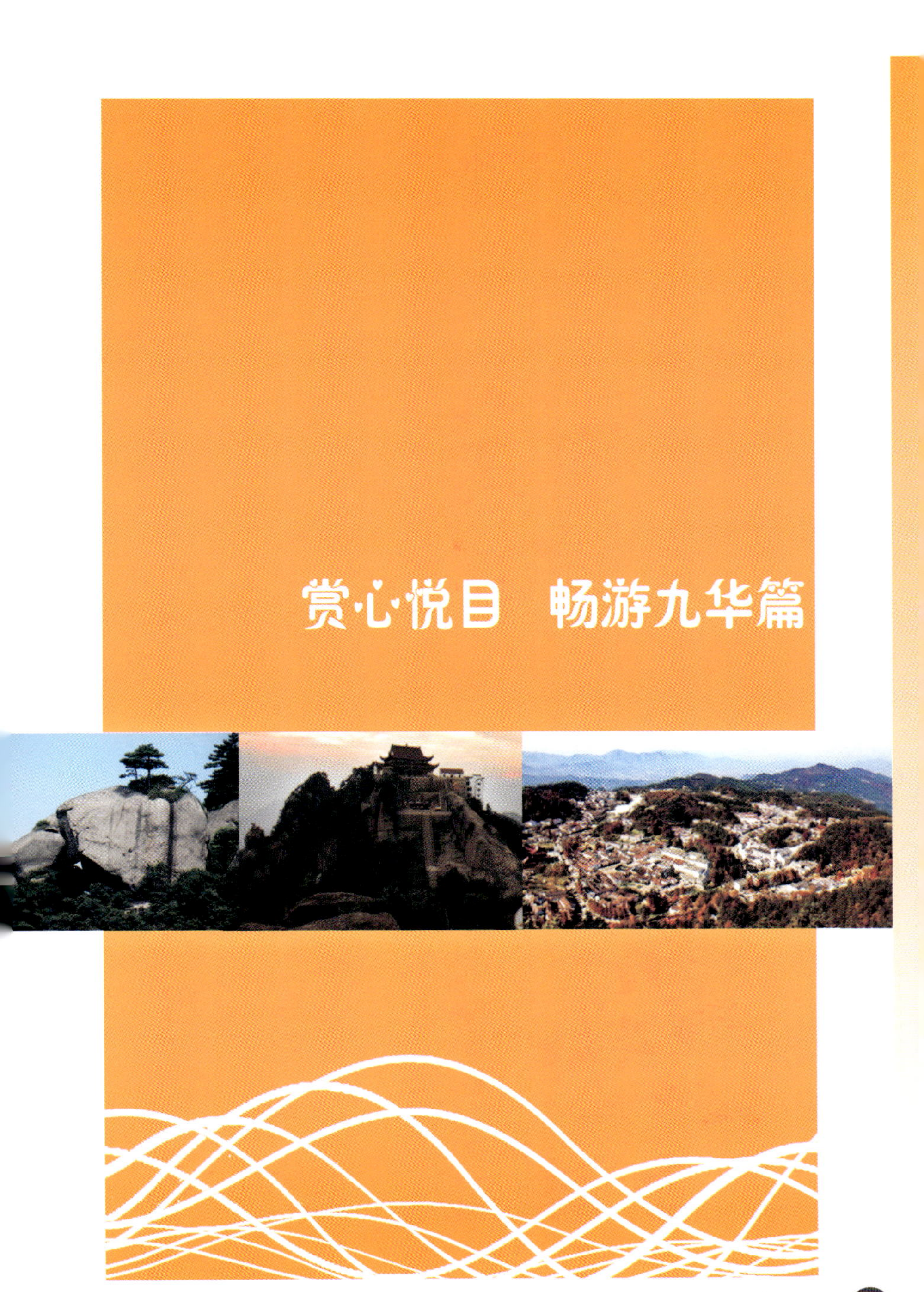

赏心悦目　畅游九华篇

九华山奇峰峻岭、悬崖峭壁，飞瀑流泉及古刹名寺遍布，它不仅是国家地质公园，也是国家自然与人文双遗产地、国家5A级旅游景区，有着丰富的自然资源与人文资源。去之前需做好充分的了解与准备工作。

行前须知

1. 热爱九华山，保护九华山

地质遗迹和古文物都是不可再生资源，我们进行任何活动都必须在不破坏九华山自然与人文资源的前提下进行，做一个文明的游客。

九华山地质遗迹与自然人文景观保护措施：

（1）不随意乱刻乱画，不践踏和折断花草树木，不伤害小动物。

（2）不随意乱扔垃圾。

（3）尊重当地民俗文化、佛教文化。

2. 出行装备

九华山春来迟，秋偏早，夏短冬长，梅雨显著。

朝拜者、一般游客建议穿旅游鞋、运动服比较合适，同时雨伞（衣）、防寒衣物及登山杖也是必不可少的装备。

如果是驴友想登上莲花峰、十王峰、天华峰、狮子峰观看日出，建议装备：登山鞋、运动服、登山杖、帐篷、睡袋、防潮垫、防寒防风的衣裤、食物、电筒、雨衣、相机。

主题路线

1. 朝拜路线

（1）乘车上九华街—月身宝殿—上禅堂—化城寺—旃檀林—通慧禅林—祇园寺。

(2)乘车上九华街——月身宝殿—闵园尼庵群—慧居寺—观音峰—拜经台—天台。

(3)九华山大佛景区—甘露寺—九华街区各主庙。

(4)九华后山双溪寺景区—九子岩(九子寺)主庙—翠峰寺。

2. 观光路线

(1)九华新区—九华大佛景区—九华街—闵园景区—天台景区。

(2)九华新区—九华大佛景区—花台景区。

3. 科普科考路线

(1)桥俺—九华街(冰斗)—百岁宫(花岗岩地貌)。

(2)桥俺—九华街(冰斗)—闵园(峡谷)—天台(花岗岩峰丛)。

(3)桥俺—花台景区。

(4)莲峰生态园—莲花峰景区。

名产

1. 九华佛茶

九华佛茶产于九华山及其周边地区,它是以地方茶树良种的优质鲜叶为原料,按照特定工艺加工而成的。九华佛茶系列主要有:东崖雀舌、金地茶、九华毛峰、南苔空心。

九华山茶叶产品

2. 黄精

又名鸡头参、老虎姜。在九华山普遍生长，药用植物，具有补脾、润肺生津的作用。

九华山黄精

3. 石耳

俗称石皮，为地衣类低等植物。性“甘平无毒”，“能明目益精”。九华山海拔800m以上群峰悬崖上有寄生，人工不能繁殖。

九华山石耳

4. 竹笋

九华山毛竹可采挖冬笋、春笋，味鲜可口，被称为鲜食山珍。

九华山竹笋

旅游服务指南

1. 门票信息

1)九华山风景区2016年门票价格

旺季:每年1月16日—11月14日。普通票:190元/人。

淡季:每年11月15日—次年1月15日(春节黄金周执行旺季价)。普通票:140元/人;优惠票:70元/人。

(1)优惠票购买对象。

学生:全日制在校学生,本人持注册有效“学生证”。

军人:现役的士官,本人持有效“士官证”。

教师:本人持有效教师资格证书、教师工作证。

老年人:60~69周岁(以年为计算单位),含港澳台、中国籍外国人,本人持有效身份证、老年证。

皈依弟子:本人持有效寺院皈依证(皈依证必须具有皈依弟子近期照片、寺院住持签名或真实印签、寺院印章)和身份证。

(2)免费对象。

70周岁以上的老年人,本人持有效居民身份证。

1.2m以下儿童。

残疾人:持本人有效残疾证。

全国劳动模范、全国道德模范称号获得者持本人相关荣誉证书。

持有“国家新闻出版署”颁发的《记者证》且年审过的记者。

持有《池州市绿卡》的本人。

2)鱼龙洞2016年门票价格

鱼龙洞普通门票80元/旅游互联免费预订价60元。

学生门票40元/旅游互联免费预订价30元。

军人门票40元/旅游互联免费预订价30元。

老人票70岁以上免票;60~70岁半价(40元/人)。

儿童门票40元/旅游互联免费预订价30元(儿童1.2m以下免票;1.2~1.4m购儿童票)。

门票价格包含:导游费、渡船费。

2. 快速入住

安徽九华山酒店预订中心网址:http://www.chinajiuhuashan.com/;预订电话:0566-2820488。

九华山中档以下的客栈山上有104家,山下有276家。

1)客栈推荐

九华山忆家客栈:九华山风景区九华新街(九华山游客服务中心、大愿文化园旁)(山下);电话:15956232001。

九华山秀丽山庄:九华山风景区拥华村永胜组19号(紧靠九华山游客服务中心) 柯村新区(山下);电话:15256663688。

九华山国际青年旅舍:九华山风景区柯村九华万象街9幢柯村新区(山下);电话:0566-3289688。

九华山海天酒楼:池州市九华山风景区柯村新区(山下);电话:18656676388。

九华山万云阁宾馆:青阳县九华山风景区柯村新区(山下);电话:0566-3300339。

九华山佛国宾馆:九华山风景区柯村新区中心幼儿园后面(山下);电话:0566-2821647。

九华山佳莲商务宾馆:九华山风景区柯村新区,近农贸市场(山下);电话:13965945545。

九华山合肥饭店:九华山风景区九华街白马新村205号(山上);电话:15856637905。

九华山杰静别墅:九华山风景区化城路84号九华街(山上);电话:0566-2831168。

九华山盛华山庄:九华山风景区凤形新村60号(山上,近肉身宝殿)(山上);电话:0566-2831136。

九华山阿鑫山庄酒店:青阳县九华山风景区灯塔新村153号九华街(山上);电话:13856670599。

九华山佛山缘人家:九华山风景区凤形新村37号九华街(山上);电话:0566-2832105。

2)寺庙住宿

九华山提供食宿的寺庙

序号	寺院名称	下属宾馆名称
1	祇园寺	上客堂宾馆
2	百岁宫	百岁宫下院宾馆
3	月身宝殿	神光岭宾馆
4	旃檀禅林	九莲苑宾馆
5	拜经台	拜经台宾馆
6	观音峰寺院	观音峰宾馆
7	天台寺	天台宾馆

3. 旅游交通

1)外部交通

自驾:G3高速公路青阳九华山出口/G50高速公路九华山机场出口—青阳县绕城318国道—五溪牌坊—九华山。

选乘:(飞机、动车)合肥(机场/火车站)—汽车站汽车(约3小时)—九华山。

合肥至九华山汽车时刻表

站点	终点	发车时间	备注
合肥旅游汽车站	九华山	6:10,7:40,8:40,9:40,10:40,11:40,12:30,13:10,14:00,15:10,16:20,17:30	到达青阳汽车站后安排免费的士去九华山
合肥汽车站	青阳汽车站	8:30	从青阳转车去九华山

2)内部交通

九华山汽车站班车时刻表(山下)

起点	终点	里程(km)	发车时间	沿途停靠站点
九华山	上海	461	7:00	宣城/广德/湖州/平望
	宁波	690	7:10	宣城/广德/杭州
	杭州	404	6:30	宣城/广德/湖州/
	南京	258	6:10 ，7:20 ，13:00	芜湖/当涂/马鞍山
	武汉	539	7:30	黄梅/黄石/鄂州
	安庆	125	7:00 ,12:30 ,13:30，14:30	池州/殷汇/大渡口
	宣城	145	7:00 ，13:00	南陵
	合肥	252	7:00 ,7:40,8:30,9:20,9:50,10:10,11:00,11:30,14:00,14:30,15:30,16:00,16:30	铜陵大桥/庐江/三河
	屯溪	220	7:00	太平/汤口(黄山)
	黄山	156	7:00，14:30	太平
	祁门	210	7:30	桥头店/七都
	六安	260	7:20	池州/安庆/桐城/舒城
	南昌	482	7:40	池州/东至/九江
	铜陵	92	10:00,16:30	青阳
	繁昌	118	12:10	南陵
	芜湖	168	7:50,12:30,13:50	南陵
	巢湖	185	7:00,13:00	普济圩/牛埠
	池州	42	8:00,9:30,12:00,15:00,16:00	五溪/墩上/马牙
	东至	160	10:40	池州/殷汇/大渡口
	枞阳	165	7:30	大桥/花园/横埠
	郎溪	221	11:30	十字铺

九华山山上交通表

园区	类型	起点	终点	单程价格(元)
九华山园区	上山客车	柯村客服中心	九华街(闵园凤凰山)	
	天台寺索道			85
	花台索道	下站位于九华山桥庵村方家里古村落	上站位于九华山大花台北侧山坳中	旺季 90 淡季 70
	百岁宫地面缆车	下起丛林寺庙园寺祇	百岁宫	旺季:上行 40元/人次;下行 35元/人次 淡季:上行 35元/人次;下行 30元/人次
鱼龙洞园区	鱼龙洞溶洞游船	景点仙人渡	返回景点仙人渡	含在景区门票内

注:旺季为3月1日—11月30日;淡季为12月1日—次年2月底。

主要参考文献

吕启良，汪梅生，林启刚. 安徽池州九华山国家地质公园规划（2011—2025）[R]. 池州：安徽省地质矿产勘查局324地质队、332地质队，2011.

吴维平，杨佩明，汪龙云. 安徽省九华山地质遗迹调查报告[R]. 合肥：安徽省地质调查院，2014.